浪花朵朵

感受自然：33个心灵启示

英国人生学校出版社　编著

宋洋格　译

海峡出版发行集团 | 海峡书局
THE STRAITS PUBLISHING & DISTRIBUTING GROUP

人生学校

或许你早已对这些话司空见惯：自然是多么重要啊！天然的东西对你是多么有用啊！

大人喜欢把这些事情挂在嘴边：苹果比薯片健康、鲜榨橙汁比食用香精制作的汽水有益。或许，他们还总是说你应该多去户外呼吸新鲜空气，不要总是待在家里盯着电子屏幕。

新闻在不断地提醒我们关心自然：我们不应该砍伐那么多的树木，我们不可以让冰川融化，我们要保护蓝鲸和黑犀牛，因为它们已经是濒危和极危动物。

这些都是事实也确实很重要，不过，它们不是这本书要告诉你的事情。

这本书想说一说，你在不同的自然环境中会有什么样的感受。

有些感受，你已有所体会。

当小狗对你歪着脑袋、摇着尾巴的时候，你的心里会涌过一阵暖流。当你看到参天大树，或是小小的蚂蚁搬运一大块面包屑时，或许会惊叹不已。又或许，当你在沙滩上奔跑，准备跳入浪花丛中时，会无比享受沙粒在脚趾间滑动的感觉。

在这本书里，我们还会讨论许多你能在自然界中收获的美丽又有趣的感受。另外，我们也会做一些不同寻常的事情。我们会一起思考这些感受为什么会如此重要，以及它们可以如何在生活中给你帮助。

自然可以让你感受到心灵的美好，也可以让你在感到困扰的时候少一些焦虑和担忧；可以让你在伤心的时候振奋起来，也可以让你在害羞的时候重获信心。它还能帮助你实现许多事情。在你的成长过程中，自然可以让你成为最好的人。

让我们一起来探索它的奥秘吧！

毕宿五

毕宿五是天空中第 14 亮的星星。它非常大，直径长达 6100 万千米。它的体积约为 85 000 颗像太阳一样大的恒星的体积之和。如果你乘着飞机绕毕宿五飞一圈，要飞 21 年 6 个月再多几天（希望飞机上准备好了有趣的娱乐设备）。它距离地球约 65 光年。如果某天晚上，你的爷爷看到了毕宿五，那么他看到的那束光可能在他还是个小学生的时候就已经从星球上出发了。

当你思考毕宿五有多大、离我们有多远的时候，可能会感到自己是那么渺小。但这也是一种很有意思的感受。在很多场合里，你总是那个"小家伙"，所以在成长过程中，你可能会觉得自己被一群"大家伙"给包围了。他们举足轻重，又掌控着所有。你总是要听他们的话，做他们要求你做的事情。我们总是会计较谁更"大"——谁有更多的钱，谁更有名，或者谁才是老大。

可是，如果你想一想巨大而遥远的毕宿五，你就会发现每个人都很渺小。你的老师很渺小，你的父母很渺小，世界上最有钱的富豪和最有名的人也都很渺小。如果毕宿五可以看到我们，它只会觉得我们所有人都无足轻重，只不过是在一颗无名小星球上东奔西跑的小蚂蚁罢了。当你觉得自己很渺小时，想想这些会很好，毕竟我们每个人都会时常体验到这种感受。

有时候

感觉渺小

也很不错

豹纹鲨

豹纹鲨的长相非常可怕。它们有锋利无比的尖牙，还有咬合力巨大的嘴巴。它们身上布满了斑点，仿佛是凶猛无比的水下猎豹——这也是豹纹鲨这个名字的由来！它们的身体能长到 1.5 米多长，喜欢在温暖的浅水中游泳（你也喜欢在这样的水里游泳吧？）。如果你在水面上看到了它的三角形鱼鳍，可能会胆战心惊。

你会感到害怕，这一点都不奇怪，因为有一些鲨鱼确实非常危险。不过豹纹鲨不一样。它看上去的确可怕，可是它并不会真的伤害你。到现在为止，还没有人被豹纹鲨主动咬过呢。它们只会吃比自己小很多的生物，比如螃蟹和小鱼。事实上，豹纹鲨非常友好。当你在海里时，可能还会遇到一条豹纹鲨游上前来，用它的鼻子轻轻蹭你的手背。它只是想和你打个招呼而已。

去了解看起来可怕的东西

当你有这样的感觉时，听一听豹纹鲨有趣又重要的发言："如果你认识我，并真的了解我，就会发现我并不会主动咬你。其实，我只是想和你交朋友。"

有些看上去可怕的事物可能并不像你想的那样危险。新学校里的人，或是父母的朋友家里的孩子，他们或许非常友善呢。

你可能会对任何事情感到害怕，比如要去新学校，或是遇到父母的朋友家里的孩子。当我们感到害怕时，我们会手足无措，停止思考，然后只想逃离，再找个地方躲起来。

这棵巨杉生长在美国加利福尼亚州。它"树如其名"，非常巨大，足足有82米高。而更让人称奇的是它的年龄：它马上要迎来自己的1000岁生日了。

在那个骑士们身穿盔甲、在马背上用长矛比武的年代，它还是一棵小树苗。当克里斯托弗·哥伦布横渡大西洋时，它已经长成了一棵参天大树。而它现在依旧在持续生长。也许，它还会迎来自己2000岁的生日派对呢。

如果能像这棵树一样生活，一定很好玩。一年、两年一眨眼就过去了，哪怕10年的时光也毫不起眼。你可以想象这棵树会多么同情人类，因为我们只能活那么短暂的时间。

它会这么想也很有道理。我们的生命就是如此短暂。对你来说，冒出这样的想法可能有些奇怪，还有些让人害怕，但这其实是一个非常重要又有价值的想法。

巨杉

那么，思考生命的短暂又有什么用呢？

那是因为我们的大脑会不自觉地犯一个严重的错误。当它度过一天又一天的时光，会觉得未来还有特别多的时间。想象自己 25、35 岁的样子没那么容易——因为那看起来还很遥远。时间似乎没有那么重要，于是我们的生命就会以虚度光阴而告终。

这棵树就是在告诫你，要记住自己的生命是无比短暂的。一寸光阴一寸金。知道这一点会让你发现一些奇妙又意想不到的事情。你不能像一棵树那样长寿，但是你可以比它多做许多事——更有意义的事，你的生命也会更有价值。如果你可以利用自己时间做更大、更有意义的事情。

你现在就可以开始思考，长大后你想成为什么样的人。你可以决定什么是真正重要的事情，而什么其实没有那么重要。

你没有永恒的生命，但如果你利用好时间，就会拥有足够的光阴。

不要浪费
你的时间

蝎子

大人们懂得很多事情：他们知道古希腊人的事，知道怎么开车，还知道信用卡的用处。你总会觉得，自己需要请他们为你解释许多事情（尽管有的时候你觉得这样真麻烦），他们却好像从来不需要像你那样，让你为他们解释什么东西。

这时候就轮到蝎子闪亮登场、为你增光啦！因为几乎没有哪个大人会对蝎子了如指掌。

他们不知道：

最小的蝎子大概只有你的大拇指指甲盖那么大，而最大的蝎子和你的脚差不多长。

蝎子是夜间动物：它们白天睡觉，夜里起床。

它们最多能长12只眼睛。

新西兰没有能对人造成威胁的蝎子。

你就是专家！

黑暗环境里，蝎子在紫外线照射下会发出荧光。

蝎子的肺长在胃的下面（和我们正好相反）。

蝎子在夜晚外出时，
会通过感知星光来
决定活动范围。

蝎子妈妈会把蝎子宝宝
驮在自己的背上。

蝎子的进化史能追溯
到 4.3 亿年前。

蝎子有 8 条腿
和 2 只长在身体前部
的钳子。

但是除了蝎子，大人们
其实还有很多不清楚的东西。

当你和大人们说话的时候，如果能偶尔蹦出这些和蝎子有关的表达，他们会目瞪口呆，对你刮目相看：

蛛形纲动物：这个词需要你花点心思记一记，蛛（zhū）形（xíng）纲（gāng）。蝎子就是蛛形纲动物的一种——也就是说，蝎子和蜘蛛是一家，蜘蛛也有 8 条腿哦。

"爸爸，厨房里有一只蛛形纲动物。"

外骨骼：外（wài）骨（gǔ）骼（gé）。这是在说蝎子身体的坚硬部分长在外面。这和我们正好相反。我们的骨头长在身体里面，外表是柔软的。蝎子则是身体里面软乎乎的，外表很坚硬——就好像穿了一件盔甲一样。

"妈妈，我从自行车上摔下来了，膝盖都划伤了。要是我有外骨骼就好了。"

他们不知道……

* 怎么让每个人都获得良好的教育。
* 怎么建造美丽的城市。
* 怎么不动气地解决矛盾。

如果有能够处理这些问题的专家，那就再好不过了。
或许有一天你就可以！

做一只刺猬！

当然，你不会真的变成一只刺猬。不过，你可以转动无比机灵的小脑瓜，去想象如果自己变成了一只刺猬，会过着什么样的生活。

你会昏昏欲睡地度过大半个白天，当天色变暗时才会起床——所以你不用去上学了！你的身体只有 20 厘米长，如果你看到一只破旧的足球鞋，还会以为是遇到了一个奇怪的远房亲戚。

当你闻到腐败树叶的味道时，就会激动起来——那下面可能藏着可以拿来当早餐的美味毛毛虫和可爱甲壳虫。你走路不会太快——一小段花园小路可能就要让你走上好几分钟（不过你可喜欢人类的花园了）。

你从来没有看过电视，不知道什么是假期，没办法用人类的语言思考，但是你也会有许多情感。

当你遇到另一只刺猬时，会和对方谈天说地。你们会发出"呼哧呼哧"或"呼噜噜"的声音，还会小声地尖叫，来表达见到彼此时的欢喜。

但是如果你看到了獾的身影，或是听到了猫头鹰的叫声，就会害怕得瑟瑟发抖。你会快速地缩成一个小球，竖起尖尖的毛刺来保护自己。

很快，天亮了，你得回家了，回到你在灌木丛后的松软泥土里挖出的舒服小洞。

刺猬在教你什么叫作想象。你也可以想象成为别人会是什么样子：可以把自己想象成大人，或是生活在别的国家的人。如果你是他们，你会有什么感觉？会因为什么而兴致昂扬，又会因为什么而胆战心惊？你的想象力会帮助你更好地理解别人。

你可以用你的小脑瓜想象一段别人或其他小动物的生活之旅。这是你可以实现的最有趣、最有用的旅行之一。

想象真有趣

鲽鱼

鲽鱼会叫这个名字，是因为它的身体像碟子那样又扁又平——这可太明显了！它喜欢生活在离海岸线不远的浅海中，懒洋洋地趴在海底的泥土或是沙子上。它不会长得很大——成年鲽鱼可能只有你的两个手掌那么大。

你有点像一条鲽鱼。在你的成长过程中，你会经历非常大的变化。一开始的你个头小小的，只会摆动自己的小手，发出咯咯的笑声。渐渐地，你开始学着爬行、走路、跑跳。接着，你学会了说话，然后继续长大。你的长相也有了变化。再接着，你就去上学了。变化永远都不会停止。

你会变成一个大人，学会开车，会出门工作。又或许有一天，你还会为人父母，然后看着自己的孩子长大、变化。

对于我们来说，这一切都进行得很慢，所以我们总是察觉不到藏在流逝的岁月里的变化。想一想鲽鱼，你会看到它的整个生命周期。这会减少你的担心和害怕。"别担心，"鲽鱼说，"你当然会经历许多变化——就和我一样啊！"

接着，它长出了尾巴。

奇怪的是，鲽鱼一开始一点也不扁。它出生时还只是一个在水里蹦蹦跳跳的、又小又圆的鱼卵。

生活充满了刺激的变化！

然后它的样子就变得和普通的小鱼一样——可能有点像金鱼；它在水里直上直下地游泳。

接着，奇怪的事情就发生了：它开始越长越宽、越长越扁。

它只靠身体的一侧游泳，其中一只眼睛也慢慢地移动，直到两只眼睛长在了身体的同一侧。

同时，它的颜色也会发生变化：上侧的身体变成了深灰色，下侧依旧是发白的颜色。这样的改变很不错：它终于可以快乐地趴在海底的沙子上了。

奶牛

生活在牧场里的奶牛并没有过着刺激的生活。年复一年，它的日常活动只有被放牧、吃草、每天进屋挤两次奶。它在大部分的时间都站着不动，眺望远方。每天最令它激动的活动可能就是发现了一簇非常鲜美的青草，或是用尾巴赶走了恼人的苍蝇。可是奶牛好像一点也不觉得无聊。你不会看到它焦急或烦躁的样子。它不会不耐烦地跺蹄子，也不会在篱笆下面挖洞，企图逃往什么有趣的地方。

是的。奶牛总是非常平静。它很有耐心，哪怕大部分的时光里都没有发生什么新鲜事，它也丝毫不会介意。

我们将大把的时间都花在了垂头丧气上。我们奢望于明知可能永远都无法获得的东西，所以

要开心哪

失望地到处乱走——即使我们已经过上了非常美好的生活。我们凝望着别人，不住地想："为什么他们可以拥有我没有的东西呢？真是太不公平了！"

这样想，我们就会觉得苦恼。但这改变不了任何事情。奶牛就不会做这样的事情。它不会盼望着换个暖和的地方去度假，也不会因为人类可以穿衣服，自己却连工作服都不能穿而觉得不公平。

一头奶牛会因为夏天能吃到许多鲜美的青草、冬天能有温暖的草棚和足够的食物而快乐，因为这些就是它真正需要的。它不会索要更多的东西。如果我们忘记了自己可以像奶牛那样，就会变得不开心。这说起来有些滑稽，但或许我们已经拥有了我们需要的东西。

飞机上的视角

你可真幸运：你坐到了窗边的
座位，窗外又万里无云。你刚刚登机，
飞机还没有飞到很高的地方。你看到的汽车和
房子就像玩具一样，道路仿佛是用粗铅笔画出来的
线条。如果你的手臂可以无限伸长，仿佛可以伸手把
地面上的东西都拿走。或许，你会觉得某座办公楼有些
碍眼，或是觉得应该从森林里挪一些树木到别人的花园
里。你的目光可以轻而易举地越过小山丘，直达远方的
农场和村庄。顺着地平线看去，可能还有一片海洋，上
面漂着一艘微小的货轮，要从新加坡开往冰岛。

电影和新闻总是关注可怕的、抓人眼球的事情。你可能
会觉得世界就是那个样子的。不过，从飞机的窗户看世
界，一切都是那么安静又祥和：车辆沿着道路平稳地行
驶；在成百上千块田地里，苹果在慢慢地成熟，玉米在
阳光下悄悄地生长。没有爆炸，没有入侵的军队，没有
掀翻屋顶的恐龙，你也不会看到警察拼命地追捕银行抢
劫犯。相反，你只看到工厂里整洁的灰色集装箱，输
电塔上的电线，还有水电站与公园。高速公路优雅
地绕着山丘。一切都是那么平静，因为世界的
运作本来就比你想象的要正常。当你看到
这一切，你的心也会更加平静。

换个

视角

真棒啊

云朵

我们通常认为享受就一定要花钱。去泳池游泳、买新款电脑游戏或是去探险公园玩耍都需要花钱。（好吧，一般来说，其实也是大人买单——而且他们有的时候还会抱怨一番。）可是自然能让你发现的最美妙的地方就在于，自然界里有许多东西是不属于任何人的。没有人拥有风、雨、雷电或是暴风雪。奇妙的日出与梦幻的日落将整片天空渲染成紫色、橙色、粉色，让你感受到其中的温暖与甜美——而这一切也都是不需要花钱的。

拿云朵来举例：它们就好像飘浮在天空海洋中的巨大岛屿。有的时候，一朵松松软软的小云朵会从"云朵妈妈"中溜出来，开启自己的探险。有时又好像有两朵云在竞赛：后面那朵云在慢慢地跟上前面那朵云——或者说是前一朵云在逃跑。你还可以想象生活在云端，成为云之国的统治者。

有时，魔术是免费的

有时候，云层中还会出现缝隙，你会看到阳光直直地穿透云层。过去的人们总会想象自己可以沿着光束一路爬上天空。当然，你没办法这样做，可这不失为一个可爱的想法。

阳光

　　大约在 1.5 亿千米之外，正在发生一场巨大无比的爆炸。其实，这场大爆炸已经持续了 46 亿年。这对我们来说是件幸运的事情，因为这场爆炸的发生地就在距离我们最近的恒星——太阳。这场爆炸创造了大量的光与热。光很快就能到达我们的地球（大约 8 分钟），因为光是人类已知的全宇宙速度最快的东西。

　　阳光到达地球后，会加热我们的大气层，把天空变成蓝色。如果天空万里无云，那么大量的阳光就可以直接照射到我们身上，我们便迎来了最美妙的天气：晴天。它会让你快乐地走到屋外，想对别人微笑，想要欢笑着奔跑。如果你思考阳光给人们带来的这些影响，会觉得非常有意义。

　　当你脾气变糟，开始抱怨时（我们都会这样），就会觉得一切都是别人的错：妈妈说你看电视看得太多了，爸爸说会陪你但又出尔反尔，你的好朋友竟然跟别人说说笑笑。可是让你的心情变坏的真正原因，往往是你没有晒到太阳。

　　人类原本生活在温暖的、阳光充足的地方。但是大约一万年前开始，人类进化得非常聪明，并学会了如何在冰冷、多雨、多云的地方生活。我们能做到这一点是非常了不起的——但这也会带来问题：我们没有了充足的晴天。所以我们不该对身边的人发那么大的脾气，真正让我们烦恼的，可能是阴雨的天气。

现在你知道你为什么会抱怨了

阿尔卑斯山脉

感受

内心的强大

阿尔卑斯

山脉是欧洲最高

大的山脉。它占地辽

阔，有数以千计的山峰，最

高的山峰高约 4800 米。可是，时

光倒退 5300 万年，你若站在这里，会连

一座山峰都看不到——因为当时这里还只是一片

平原！但从那时起，非洲板块慢慢撞上了欧洲大陆，并

渐渐地把不计其数的岩石越挤越高，于是高山就形成了。（你

把两个枕头挤在一起，就能明白其中的原理。）

眺望群山能带来非常神奇的感受。你的附近有许多小山，远处会有高一些的山头，
而更远的地方还会有更高的山。想要翻过这些山，得花上好几个星期，要付出难以想象
的艰辛。可如果你看着这些山，你的目光会越升越高，从一座山跳到另一座。和这些山
相比，你是渺小的（我们都很渺小），但是你的思想可以比山高大。

通常，你会更多地去考虑近在眼前的事情：今天做什么，晚饭吃什么，一会儿玩什么游戏，
或是学校里有个人让你心烦。但是想象高山，你就会进行更伟大、更宏观的思考。你可以想
象千百年的匆匆流逝。你会感觉到，你想要做美好的、重大的事情。谁会在意操场上的某个人
说了什么话，或是你在考试中表现得怎么样呢？你会感到轻松自在，仿佛内心的你已经成长为
巨人，因为你是如此强大，所以那些小事都没什么了不起的，它们根本没法让你烦恼。这样去考
虑问题，真的会很棒！

（有些歌曲可能也会让你有这样的感觉。）

玃㺃㺵

这里有一只玃㺃㺵，它住在非洲的赤道附近。有些人会觉得它长得很奇怪。它长着斑马的腿，却拥有长颈鹿的脸和长长的脖子。它身披可爱的巧克力色外衣——这可和长颈鹿差远了。它长得也不是很高，一个普通的 10 岁儿童就可以和一只成年玃㺃㺵水平对视。

在非常少数的情况下，才会有大批玃㺃㺵聚集成一个个庞大的队伍。大多数时候，它们更喜欢独自在森林边缘漫步，安静地吃树叶。

你可能不会总是自信满满——而这都是正常的。你会觉得自己不得不加入到别人当中，做他们正在做的事情，即便你并不是真的想要这么做。又或者，你会因为不想让别人觉得你特立独行，不得不假装对你不感兴趣的事情表现出喜欢的样子。

这个时候就可以想想我们的朋友玃㺃㺵了。它坚持做自己，不会试图变成另外的样子，不会努力让自己变成一只长颈鹿或斑马，更不会担忧别人会怎么看待它。

玃㺃㺵在告诉我们一个非常重要的道理："做自己是一件很棒的事情。"社会在不断地教导我们应该花大把的时间和集体相处，可是玃㺃㺵的做法却更显智慧。能独自享受快乐是世界上最棒的事情之一。你没有必要非得和恰巧相遇的人一起前行。你可以等待，与你真正喜欢的人交朋友。

做自己
就可以

河流

　　站在桥上望着河流在脚下流淌，你会感到很有趣。河流一直
都在那里（可能已经存在上千年了），可是流水却一直在变化。

　　想一想此刻流水中的一滴小小水滴可能会经历什么：一周前，它可能还
挂在云端，然后就变成雨水降落（哗啦！），来到了非常、非常、非常远的山丘
中的小泥坑里。它慢慢地淌过了山丘。当它汇进了小小的溪流之后，溪流又与别
的溪流汇合，变得越来越壮大。它从瀑布俯冲而下，冲刷过一些岩石，而后溪流
就变成了河流。我们的小水滴流过了田野和房屋，看到了河岸边吃草的牛群与钓鱼
的人们。有些人在它身上划船，用船桨重重地击打水面（不过小水滴不会在意）。
现在，它来到了你所在的桥下，并将继续前进。也许明天，它就将抵达海洋。谁
知道洋流又会把它带去何方？这是多么奇妙的历险啊！

　　这里包含着一条非常重要的信息：你就像那滴小水滴，而你的生命就
像一条河流。每个人都是这样的。你能看到处于不同生命阶段的人。
"老婆婆水滴"即将流入大海；"小宝宝水滴"才刚刚出发，但它
最终会沿着河流走完全程。你可能很难相信每一个老人
都曾幼小，而每一个小孩都将老去，但是当你站
在桥上望着河流时，你就可以明白这一点。
每一个人的河流都是不一样的，但我
们最终都会流入大海。

生命

的

阶段

小狗知道你有多棒

小狗非常可爱。它有甜美的脸庞，总是一副滑稽又快活的样子。不过小狗最可爱的一点，或许是它对你的喜爱！

有些人总是觉得自己一直都很棒（即使他们没有那么优秀，对别人也不是很友好）。这样的人有些讨厌。不过我们大多数人身上有和他们正好相反的问题。你太在意自己犯了什么错，而且有的时候，你会因为犯了错而忘记，自己也是非常特别的存在。

小狗的美好之处就在于，它会提醒你一些重要的事情。即便你在学校考砸了，把橙汁打翻在桌子上，好久都没有整理过房间，或是你不喜欢你的发型，小狗通通不会在意。它永远都为你着迷：你会抛球！你会说人类的语言！你会开门！而它就爱你本来的样子。

爸爸妈妈的确很好，但他们也会大惊小怪。哪怕你不觉得冷，他们也要让你穿上外套；哪怕你不觉得累，他们也要让你上床睡觉；即便你不想开口说话，他们也要你说说在学校里过得怎么样；他们让你去看牙医，还让你吃花椰菜。（你知道他们都是为了你好，可这样依旧会让你心烦。）

可是小狗从来都不会大惊小怪。它不会问你恼人的问题，它从来都没有听说过牙医、学校、数学题或是花椰菜，它也不懂外套到底是用来做什么的。它想要的很简单：只要你挠一挠它的脑袋或是给它一块脆脆的饼干，这样，你就已经是它的英雄了！

你已经是一个英雄了

兔子洞

待在兔子洞里看起来真舒服啊。如果能在地下拥有这样一座小屋，那就太美妙了。天气变冷的时候，你可以舒舒服服地躺下来。哪怕外面有什么危险，你也能确信自己非常安全。洞口说不定有一只狐狸在东张西望，但是它怎么也进不来。用你的小鼻子顺着隧道探来探去，和住在不同房间里的兔子朋友打招呼，这也非常好玩。兔子爸爸和兔子妈妈也会待在那里。

你或许也非常熟悉这样的体验。你和朋友一起挤在沙发上，看介绍北极熊的节目。你穿着舒适的旧衣服和最喜欢的厚袜子。你窝在自己的床上，把被子扯到下巴上，这样就可以露出一个小鼻子。如果爸爸妈妈还能给你唱一首摇篮曲，那可真是太惬意了。

有些人觉得享受舒适的感觉会有一点幼稚。他们说你应该去运动或是玩游戏，而不是想着要变得像兔子一样。但是他们错了。舒适是一种非常重要的感受——大人们也需要舒适，可不是只有孩子才能享受舒适的感觉。

你不能永远都坚强又独立。这太难了。你不断地付出努力，可总会有筋疲力尽的时刻。当条件允许的时候，你也需要一些懒散的时光。当你体验舒适的感觉时，你也会感到被爱与关怀。你会有安全感，而那些普通的棘手琐事可别想来让你心烦。（大人也会需要这样的时光，只不过大多数时候你都看不到罢了。）

过段时间，也许就是明天，当你准备好了，你就可以重新走到屋外，去探索这个复杂但有趣的世界。

享受舒适

黑猩猩

黑猩猩可以让你更了解自己。这听上去可能有点不可思议，因为你和黑猩猩的差别显而易见。你们的手长得不一样，脚长得不一样，你也没有那么多毛发。黑猩猩会在树木间荡来荡去，还会从伙伴的毛发中捉跳蚤，但是你会穿着鞋子，在教室里面上课。

做人类怎么这么难？

可是在动物王国里，黑猩猩是和我们关系最近的"亲戚"了。我们的大脑有很多相似的地方。比如说，当黑猩猩品尝甜食的时候，它的大脑会兴奋起来，于是它会想吃更多甜甜的东西，那让它很愉快。黑猩猩的日常甜品就是香蕉，香蕉对它（还有我们）很有益处。同样，当我们吃到甜食的时候，我们的大脑也会变得兴奋，我们也会想要吃更多的甜食。可这成了我们的一个大问题，因为我们的甜品选项除了香蕉还有巧克力、冰激凌、饼干以及汽水，可惜的是，这些食物对我们并没有什么好处。我们总是想吃这些东西，而且我们往往能轻而易举地得到它们。（但是黑猩猩不行，它没有钱，也没法去超市。）所以我们遇到了一个奇特的麻烦，那就是我们不得不阻止自己做喜欢的事情。

你的手机也会给你带来同样的困扰。就像黑猩猩那样，你的大脑进化成了一看到周围移动的东西就会兴奋起来的样子。这对黑猩猩来说挺棒的，因为这意味着它又能吃到一只肥嫩的跳蚤了。可是对于我们来说，这就成了一个问题，因为人类发明了电子游戏。这些游戏让我们的大脑异常兴奋，可是却不能帮助我们做有意义的事情。而且我们自己内心也明白，玩游戏会浪费大量的时间。

我们确实比黑猩猩聪明许多，但希望我们能早点变得更加聪明，可以找到让我们不再吃那么多甜食、不再一直盯着手机的方法。

阿拉伯沙漠

当你听到"沙漠"这个词语时，可能会觉得没有那么美妙或有趣。沙漠里没有大象或狮子，没有商店，也没地方可以点比萨。这里只有沙子，却又不是海滩。那就奇怪了——为什么看着沙漠的照片或是想象身处沙漠之中，也会觉得还不错呢？

其中的原因很有趣，不过要想真正理解，你得先想象一件和沙漠一点关系都没有的东西：一个大大的橱柜。想象这个柜子被塞得满满当当的——里面的东西都有用处，但是被胡乱地摆放着，所以你很难找到自己想要的东西。或许，这个柜子非常贴切地展现了你的脑袋里的样子。这可不是故意要让你生气——每个人的脑袋里都会有点凌乱。

你的大脑

为什么会像

一个橱柜

你的大脑橱柜里存放着许多有趣的主意、回忆、想法和感情。可是这一切都被混在了一块儿：有些想法非常重要，比如你长大以后想要做什么、你的老师为什么这么和蔼，但是它们被藏在了别的事情后面，比如明天要去游泳，或是哥哥说了刻薄的话，让你感到非常不舒服。那些重要的想法就挤在你的大脑橱柜里，只是你没办法一下子找到它们。我们总是会分心，让思绪从一件事情飞快地跳到另一件事情上。

这就是沙漠如此美妙的原因。沙漠里没有杂乱，这里始终如一，永远静谧平和；沙漠里没有公路、树木或房屋。天空如此明亮，沙丘的轮廓如此清晰。沙漠里只有最主要、最基本的东西——再无其他。

这是没有杂念的内心图景，或许也是你渴望的心灵状态——想要拥有这样的内心，你只需要不断地问自己这些关键问题：什么是真正重要的？什么是我真正需要的？什么是必要的，什么又其实没有那么必要？

意大利松

　　这棵树的生长环境异常艰苦。这里土壤坚硬，全是石块，又很少下雨；有时会刮特别强劲的大风，夏天又酷热难耐。我们就实话实说吧——这个地方真不适合树木生长。可是它却在这里努力地生活着。它是怎么做到的呢？

　　因为它是一棵足智多谋的树。这是一个很有趣的词，意思是想各种办法解决问题。意大利松会把树根伸得很长，比自己最长的枝条还要长出好多，这些根慢慢地在泥土里或是岩石下开辟道路，探寻地下的水源。有些树根还会牢牢裹住岩石，这样就算有风暴来袭，树干也不会被吹翻。意大利松还长着特殊的、可以紧紧卷起来的树叶，这样就不会让珍贵的水分太快蒸发掉。

　　不是只有意大利松生长在条件恶劣的环境里。有时候你也要经历许多困难，可是，你也可以像这棵树一样足智多谋。

变得足智多谋

的确，如果学校里能多一些友善的人就好了。不过你也可以思考思考，怎么样才能和别人友好相处。

的确，如果爸爸妈妈没有那么忙就好了。不过你可以先做好计划，想想在他们没有那么忙的特别日子里，你最想和他们一起做什么。

大人们叫你不许再看电视了，这确实有些恼人，不过拿起画笔，用心作画，你能画出最好看的画是什么样的呢？

在奶奶家也许会有些无聊，但是你能不能好好想想，可以问她什么有趣的问题呢？可不可以让她教你好玩的纸牌游戏，或是给你看看，她在你这么大的时候长什么样子呢？

你无法选择自己成长的环境，但是你可以像意大利松一样，拥有智慧，好好长大。

大食蚁兽

大食蚁兽生活在中美洲和南美洲。它就像名字描述的那样：每天要吃掉成千上万只昆虫，身长能达 2 米——确实很大。

大食蚁兽身上的优点听上去或许会有些奇怪。一般来说，你会喜欢看上去开开心心的动物，可是大食蚁兽的可爱之处反而在于它总是一副惨兮兮、孤孤单单的样子。它走路慢吞吞的，仿佛早已精疲力尽。它长长的口鼻部忧郁地下垂，水汪汪的眼睛仿佛马上要流出眼泪。如果它能开口说话，它就会（用平静但忧伤的语气）对你诉说糟糕的事情。

它的美好在于它坦诚的样子。

有时候你就是会觉得很忧伤，这是不可避免的——我们都会如此。但更多的时候，我们不能被理解。别人会让我们努力开心起来，他们总说一切都会好的，可是许多事情就是那么让人难过。

你可能会因为这些事情而难过：

✳ 夏天结束了。
✳ 一个朋友搬走了，你们不能常常见到对方了。
✳ 爷爷、奶奶、外公、外婆中有谁生病了。
✳ 你不得不去上学，哪怕你真的不想去。
✳ 有些人真的很不友善。
✳ 你想和别人交朋友，但是他们没有这个想法。

✳ 你和爸爸妈妈有了矛盾，即便他们很爱你。

✳ 爸爸妈妈之间有了矛盾，虽然你对他们的爱是一样的。

✳ 不管你多么努力地解释，别人还是不能理解你。

大食蚁兽就像某些时刻的你。它似乎可以理解你，懂得你内心的困扰。它仿佛在说："觉得难过也不要紧。我理解你的感受。我也有些难过，所以我们可以一起难过。"

觉得难过也不要紧

燕子

智慧有不同的表现

　　这些燕子每年都会从英国出发，飞过千山万水到达南非，然后再返回原地。它们飞过高山、森林、大海，穿越撒哈拉沙漠，全程要飞上好几个星期。可它们从不迷路。它们知道如何跟着地标前进。它们可能会沿着河流甚至高速公路飞行，还懂得在夜晚利用星星导航。这可是非常厉害的本领。换作是我们，除非乘飞机，不然可没法自己完成这样的旅行。

　　燕子在告诉我们"智慧"有趣的一面。想象一下，如果让一只燕子到我们的学校来上课，它会一事无成。它学不了外语，记不住火山各个部位的专业术语，不知道什么是动词、什么是名词，也不知道83除以15等于几。可它依旧是聪明的，只不过学校只看重一些方面的聪明才智，而这些方面可能不是最重要的。

在学校无法打分的事情上，你也可以表现出不一样的智慧。你可能擅长安慰焦虑的朋友，可能懂得如何让别人开怀大笑。或许你在色彩搭配上很有天赋，或是善于发现车轮罩子里隐藏的形状之美。又或许你可以智慧地思考那些让人困惑的问题（你会探究大人们为什么会彼此吵架，人们为什么要工作，梦想又有什么用）。这些事情都无法用考试来衡量，但是它们蕴藏着重要的智慧。而等你从学校毕了业，它们都会变得越来越重要。

单峰骆驼

要明白事无万全

这头单峰骆驼（也叫作阿拉伯骆驼）住在非洲东海岸。它的个头很大：哪怕你踮起脚尖，也只能刚好摸到它的驼峰。它正在期待一次横穿沙漠的长途旅行。

我们的骆驼朋友在想一件很重要的事情。它知道旅途一定会非常迷人，但是也明白途中可能会发生许多糟糕的事情。

它做好了最坏的打算。沿途或许会有多汁的灌木丛，但也可能一棵植物都没有，所以它会在驼峰里储存好所有必需的营养。途中的天气或许会很好，但也可能会在某处遇到恼人的沙尘暴，所以它长着两层睫毛——外面那层睫毛又长又厚——来保护自己的双眼。它还能闭合鼻孔，防止沙子进入鼻子里（不用说，那一定是非常糟糕的体验）。

当事情真的变糟了，我们的这位朋友既不会惊慌失措，也不会感到沮丧、抱怨老天不公。它只会想："这和我预料的差不多。"因为它已经做好了充足的准备，所以它可以继续旅行，并享受途中美好的事情：发现新的沙丘、在星空下睡觉，以及遇到好久不见的老友。

遗憾的是，我们人类却常常与它相反。当事情不如我们所愿时，我们就会暴躁。我们准备去度假，却遇到了飞机延误，于是觉得一切都被毁了。我们去比萨店，店里却没有我们最想要的口味，于是开始生气。

但单峰骆驼不会这样做！它会提前想到"飞机可能会延误"或者"店里可能没有我最喜欢的口味——但是还有许多其他美妙的事情。所以我不会有问题的"。

蜘蛛网

细腻的力量

蜘蛛网非常细腻。你稍不留神就能毁坏一张蜘蛛网，甚至都意识不到自己的破坏行为——只要一下轻微的、意外的抖动，就足以毁坏一张蜘蛛网了。最轻的微风也能让它颤抖。除非仔细观察，否则你都注意不到它的存在。它为什么是这样的呢？

那是因为蜘蛛网需要如此细腻。想要捕获一只苍蝇，网的丝线必须要非常纤细。如果网丝太明显，那么苍蝇就不会像蜘蛛希望的那样，一不小心撞上陷阱了。

当你仔细观察蜘蛛网上的图纹时，你会惊叹于细腻背后隐藏的智慧、美丽与作用。

这种观察的时刻很有趣，因为通常情况下，我们意识不到细腻的好处。我们忽视了这些，并且认为坚强、坚韧、不计较才是最重要的。

在生活中，你会产生许多细腻的感受。

或许你会着迷于某一座建筑的外形，会注意到某些足球运动员矫健的身姿（并不只是因为他们是优秀的球员，还因为他们运动时动作优美）。或许，当看到一个大孩子小心翼翼地照顾弟弟妹妹时，你会被深深地打动。又或许，某一首歌能唤起你内心悲喜交加的情绪，让你潸然泪下。你可能会好奇为什么有人会如此羞赧，也可能会在别人详细解释一件事情的时候无比兴奋。

这些都是非常重要的情感。伟大的事物都基于这些情感发展而来，比如优美的建筑、书本、音乐以及真正的友谊。

蚂蚁部落

观察蚂蚁小队做任务是很有意思的事情。你或许看到过蚂蚁排着长长的队，带着面包屑爬下桌腿；或许看到过它们在两片树叶间架起桥梁。它们的做法让人叹为观止：一些蚂蚁紧紧地抓着彼此，而另一些则在它们的身体上前行。有的时候，许多蚂蚁还会一起发力，把一片叶子叠起来。

蚂蚁住在一个巨大的部落里，对于它们来说，那里就像一座城市。上百万只蚂蚁聚集在一起共同劳作，它们分工明确：有一些开挖新的地道，有一些打扫卫生，有一些照看蚂蚁宝宝；有一些蚂蚁会去寻找食物，有一些蚂蚁则负责存储食物；有一些特别的蚂蚁负责看守，击退别的昆虫，而另一些则承担起了老师的职责，教导年轻的后代该如何完成自己的工作。

那么，问题来了：蚂蚁为什么如此迷人？我们又为什么会喜欢观察蚂蚁、研究蚂蚁呢？

合作多棒啊

或许是因为它们懂得合作，会互相帮助。

蚂蚁认为优秀的团队需要各有所长的成员，每个成员的工作都很重要。工蚁需要兵蚁的保护，以防甲虫的侵扰；而兵蚁也需要工蚁的劳作，才可以把肚子填饱。

可是我们人类之间却不够团结。我们喜欢独自体验刺激的事情，似乎每时每刻都在与他人竞争。我们想要赢，就必须要让别人输。

我们喜欢蚂蚁，可能是因为它们展示了我们生活中所缺失的东西。这其实是一个很有意义的启发。或许，我们应该去上一上蚂蚁学校，学习它们身上的优点。

蜗牛

等你长大后，你可以做一件很棒的事情，那就是努力变得像一只蜗牛一样。这不是说让你全身涂满黏液，也不是说让你在额头上长一对特殊的触角。

蜗牛最厉害的事情是，它可以把自己的家背在身上到处移动。当它觉得累了时，它不用回到哪里，直接蜷缩进安全又温暖的壳就可以了。

你也可以把自己的家带在身上——不是背在身上，而是用另一种方式：把家装进你的心里。

你可能会时不时担心成长带来的困扰：当孩子们长大以后，他们就不再和爸爸妈妈住在一起了。他们会去往另一座城市甚至另一个国家。你会不会也要经历这些呢？这听上去可能会让你伤心或害怕。

可实际上，长大并不是一件忧伤的事情，因为你可以像蜗牛一样。你身上有一个用爱做成的壳，它在慢慢地生长，无论你走到哪里，都能把它带在身上。

你终将独立，但那不是因为你不再关心爸爸妈妈了，也不意味着爸爸妈妈不再关心你了。事实恰好相反。他们对你的爱与关怀以及所有的牵挂都在你的心里。这一切会成为保护你的壳！

爸爸妈妈在照顾你的时候，也在教你如何照顾自己。你不会真正地离开，因为无论你走多远，他们的爱都陪伴在你身边。

樱花盛开

当你注视自然界里可爱的事物时，心中会生出一种奇异但很重要的情感。眼前的景象美得让你流下眼泪——这不是因为发生了不好的事情，恰恰相反，是因为一切都太美了。

人们不太经常谈论美，因此你可能不太理解美为什么那么重要。就好像美正在对你传达重要的信息，但是你不能理解其中的含义。

现在就让我们看看，那到底是什么信息，又为什么如此让人着迷。

或许某一天，你会看到一棵长满粉色花朵的樱花树。它绚烂又温柔，让人觉得温暖又惬意。一般来讲，你或许会觉得过于精致与完美的事物不那么友好，可是樱花却能集完美与柔和于一身。如果樱花树是一个人，那她可能是一位甜美可人但绝不傲慢自大的公主。她正在对你屈膝致意呢！

又或许，你曾在晴朗的夜里抬头仰望，看到一只鸟展翅飞向高空。那飞行的动作刚劲有力，却又不失优雅从容。它仿佛在邀请你与它在空中相遇，一同俯瞰地球，而你（在想象中）展开双翅，乘着温柔清新的风盘旋而上。你总是思考着地面上的琐事：晚饭吃什么，朋友给你展示的新鲜事物，或是你的耳朵好不好看。鸟将带你飞越这些事情。

你用双眼看到美，可真正美妙的是美带给你的内心感受。在你心中，有一种美可能会让你偶尔觉得孤独，而现在，它的意义是去寻找一个朋友。

自然

很

美丽

竹子

竹子是一种长成了树木样子的高大的草。竹子的生长速度惊人——每 90 秒可以生长一毫米。这听上去好像没什么了不起的，可是如果你长得这么快，那你每过一小时就要换一条新裤子，不到 2 天，你就能长到现在的 2 倍高。

竹子非常坚硬。它细长又易弯曲——不过很难被折断。许多竹子都生长在亚洲东部，这里有时会刮起大风。遇到巨大的风暴时，所有的竹子都会被吹弯，仿佛即将走到生命的终点。你会觉得它们不可能挺过风暴了。然而，几小时之后，它们又直立了起来。竹子便是如此顽强坚韧。

生活中有许多仿佛能把你压垮的事情：有人和你吵架，作业错误百出，无法加入梦寐以求的游泳队。那些事情让你觉得不公平，久久不能释怀。而且有的时候你会不断地提醒自己，总是想起那些让你沮丧的事情——即便这样做对你来说一点好处也没有。你只会越来越沮丧，任凭自己被压垮。

你不能避免生活中的问题。总有些时候，人们不会那么友善地对待你，或是你无法马上对出错的事情做出补救。风暴在所难免。但是，你可以学习竹子的智慧。你可以恢复，重新站起来。你没有必要总是垂头丧气的。

弯而不折

草丛

消灭无聊的一种方法

草听上去就非常无聊，你甚至会觉得它是世界上最无聊的东西。但是如果你能仔细观察一处小草丛，你就会看到，许多事情正在悄然发生。

有一只毛毛虫在啃叶子，可是它必须要十分警惕——因为说不定就会有一只鸟俯冲而下把它叼走。这只毛毛虫会不会觉得害怕呢？它会不会感到担忧呢？

有一些蚂蚁正沿着一根细枝前进。它们来自哪里，又要去往何处？它们可能会觉得自己已经来到了一片森林或丛林，或是一座绿色的城市。蚂蚁会想些什么呢？

你还能看到一些棕色的小土堆。如果你去戳一戳泥土，还能感到潮湿和黏软。土堆里面可能还有一只虫子，而你在想："泥土是由什么组成的呢？"这让人费解。泥土看上去好像还可以吃（但还是不要尝试了——那味道有些让人受不了）。

不同草秆之间有着细微的差别，就连杂草都各有不同。可杂草又是什么呢？它们被称作"杂草"难道仅仅是因为人类不喜欢它们吗？

有一些更细的草秆上还长着一些小小的穗，那就是草籽。那么草籽又是怎么长成草的呢？

你低头看着那个小小的世界，思考生活在那里会是什么样的体验。你可以想象身后有另外一种生物也在好奇地俯身观察着你，也在思考像人类一样生活会有什么感受。

许多事情听上去都很无聊，但事实并非如此。问题在于我们不懂得仔细观察，也无法从中感受到趣味。如果你真的去观察、去思考，或许能在每样东西、每个人身上发现有趣的地方。或许，觉得无聊意味着，你没有真正用好自己的双眼和大脑！

无花果

关注
生活中的
小小快乐

不会有人说无花果是最让人情绪高涨的东西，但它们确实有让人觉得美妙的地方。通常来说，无花果树的年龄很大——它可能靠着花园里古老的墙壁生长。你能感觉到它已经度过了无数个夏天，经历了漫长的岁月。它的枝干又粗又硬，叶子又大又软，结出的青色或紫色的果实非常诱人，尤其是配上一大团冰激凌吃，美味又可口。

无花果能带来的兴奋比不过观看奥运会、乘坐直升机或目睹成群的羚羊横渡塞伦盖蒂平原的河流。它当然比不过。但是无花果是我们可以轻易获得的东西。生活中盛大的兴奋之事往往稀少罕见，而且谁知道你是否真的有机会体验呢？但是只要花一点钱，你就可以在超市里买到无花果。

好吧，对于你来说，无花果可能没什么好让人兴奋的——它并不是每个人最爱的水果。但是还有许多类似的事物能让你欢喜，即便它们不一定能让你十分激动。它们可能是：

＊ 脆脆的苹果。

＊ 争相敲击窗户玻璃的雨滴。

＊ 在秋天的落叶里打滚。

＊ 你最喜欢的鞋子。

＊ 翻阅儿时爱不释手的书，并回忆起每一幅插图。

＊ 骑着车子下坡，感受风极速从自己的耳边吹过。

人们很容易错过这些愉悦的小事，但是它们都很重要。如果你专注于可以轻松获得的小小快乐，就不会再忧虑于那些不能随时发生的大大快乐了——这可能有点让人泄气，但它很有现实意义。

大象妈妈

大象妈妈看护小象的场景非常温馨，尤其是小象在妈妈粗壮的腿之间一步一颠地小跑的样子，或是大象妈妈把自己的长鼻子搭在小象脑袋上，为它带路的画面。

不过你也要想想，这对于小象来说会有什么样的感受。它的妈妈从不让它离开自己的视线。它可能也想跑开，探索外形奇特的灌木丛，觉得一切都很好玩，可是它的妈妈会立即上前，把它带回自己身边。

大象妈妈还总是担心自己的孩子没有好好地清洁耳朵——大象会用树枝探入大大的耳朵眼儿，把所有想在里面安家的小昆虫都赶跑。

大象妈妈也会重重地挥走苍蝇，时刻确保孩子的背上涂满了泥土和灰尘（这些就是大象的防晒霜）。到了中午，小象就只能待在阴凉处，什么都不能做，哪怕这样很无聊。当象群迁徙时，小象必须要牵着妈妈的尾巴——哪怕它真的很想和自己的小伙伴一起奔跑。

你可以理解其中的原因。大象妈妈总想确保自己的孩子安全又健康，所以有时会大惊小怪。这理由无懈可击。不过，我们总会忘记人类父母也是这个样子。过度的关怀让人感觉不到爱，反而让人厌烦。然而，爸爸妈妈细致入微的关怀又的确源自他们的爱。

等小象变成父母时，它也会这样对待自己的孩子。虽然你现在很难展开想象，可是等你成了爸爸或妈妈，你可能也会处处大惊小怪的！

为什么爸爸妈妈会大惊小怪

窗台花箱

你可能还没有属于自己的窗台花箱，不过这真的是一个很不错的主意。这样你就可以自己种点东西了。你可以买一小包种子——这花不了多少钱。你可以在潮湿的泥土里戳一个小洞，然后放进一颗种子。头几天，你什么都看不到，但是接下来你就可以看到一株小小的绿芽开始萌发。你得给它浇水——不能太多，也不能太少。

如果花箱搭在窗外，那你得确保不会有鸟飞来吃掉嫩芽。每一天，它都会发生一些变化，也许只有你能注意到，因为只有你在仔细观察。等待仿佛是漫长的，不过，它终于长出了一个小小的花苞，接着，一朵娇嫩美丽的花朵——非常缓慢地——开始舒展花瓣。你感到无比自豪，因为自己做了一件很了不起的事。没有你，这朵花就无法绽放。

这很有趣，因为通常情况下，你才是那个接受照顾的人。有人给你做饭，为你洗衣，保证你生活舒适，还教给你许多事情。

给予照顾

真美妙

当你照顾窗台花箱里的小小植物时，你能体会到父母和老师的感受。他们愿意帮助你，想要看到你的成长。是的，他们非常努力，有的时候还会失去耐心。但是他们所做的这一切，都是因为关心你——这让他们觉得满足。

不是只有接受照顾才能感到快乐——关心和照顾某样东西或是某个人，也是生命中意想不到的、最特殊的快乐之一。

闪电

电闪雷鸣或许有些可怕，但是也很神奇刺激。忽然间，夜空被一闪而过的巨型白色闪电照亮，接着，天边的云层里就传来了低沉的轰鸣与嘶吼。真奇怪，这些闪电是从哪里来的呢？云朵一般都是安安静静的，它们为什么会突然发出震耳欲聋的声音呢？

在过去，世界各地的人都在为雷电而惊奇。他们都在问："这是怎么回事？""发生什么了？""这有什么含义吗？"

那时候的人们猜测，天上住着一个高大又易怒的人，电闪雷鸣都出自他的手笔。他们觉得那个人在对他们发怒。他们以为自己做了错事，所以那个威力无穷的人在用一道道闪电惩罚他们的错误，用雷声高吼自己的怒意。

以前的人们会这么想也不足为奇，因为要理解雷电产生的原理确实很难。实际上，雷电是由亿万滴水滴以特殊的方式相互摩擦而成的。水滴的摩擦产生了静电，静电可能会与离它最近的高处物体接触。电流的释放形成了闪电，又产生了噪音。所以，天上并没有住着什么易怒的人。

我们总是在做类似的事情。当眼前的现象难以解释时，就以为都是自己的错。爸爸的喊叫，妈妈的摔门，都是因为你是个坏孩子吗？

可事情的真相完全不是这样的——是因为他们的工作出了问题，或是因为新闻播报了让人难过的消息。如果你能够了解清楚事情的真相（这往往很难），你就会发现真实情况其实没有你担心的那么糟。

想象与

认知的

区别

费米耐罗柠檬

想象现在是冬天。每天都
阴沉寒冷、阴雨连绵，天黑得很早。
学校里课业繁重，足球场上泥泞不堪，你不得
不穿上外套，戴好兜帽。你都快记不清夏天的时光
了，那时你在花园里野餐，有人打开了洒水器，你们在水
雾中互相追逐打闹，你的妈妈则不停地要补涂防晒霜。假期仿
佛遥遥无期，难怪你会觉得一切都死气沉沉的。这个时候，柠檬
就能成为你的好朋友。

你走进超市，看见了柠檬。这是一颗费米耐罗柠檬，是汁水最充足的品
种。在被打包送进超市之前，它生长在地中海的中心、西西里岛的山坡
上。炎炎夏日，日复一日，它都生长在阳光下。蝴蝶在它身旁翩翩飞舞；
夜里很温暖，天上群星闪烁。在生长的过程中，柠檬把阳光与温暖都变
成了强烈扑鼻的气息，以及金黄诱人的果皮。

如果你买下这颗柠檬，把它带回家，你就能感受到一丝夏日的气
息。它可以把晴暖夏日的风光与声响带进你无尽的想象。

这就是希望的模样。它让你感受到，虽然美好的事物
此时此刻不在你的身旁，但它们依旧存在。它
们终将出现。这是一颗冬日里的柠檬
对你许下的诺言。

希望永远在身边

海平线

海平线——就是那道水天相接的线——是你在陆地上能看到的最远的地方。你看不到那道线后面还有什么。可能有任何东西。可能依旧是海水，也可能是一座生长着各种动植物的奇妙岛屿，还可能是住着新人类的新国家。

在很长很长一段时间里，人们都惧怕着那道海平线。人们不敢离开陆地太远。万一遇到怪兽了怎么办？要是从世界边缘坠崖了怎么办？（你当然知道这些事情不会发生，可是那时候的人们可不敢确定。）

后来，一些人成了探险家。他们非常好奇如果自己可以鼓足勇气航行到未知的海域，会看到什么东西。

探险就是在思考："我还不知道所有有趣和有用的东西。探索它们可能会有点可怕，但是依旧值得。"

我们可以探索的不仅仅是大海。你拥有非常非常多的机会去前行并挖掘你当下看不到的事物：

人：面对不太熟悉的人，我们都会害羞。变得更有探索精神就意味着去思考："我不知道这些人是什么样的，但是我可以去了解他们。我也可以向他们提问。"

想法：有时我们会抛开一些想法与问题，只因为它们听上去太庞杂或太奇怪——即便它们真的很有用也很重要。学校应该教些什么呢？也许它没有教授正确的事情。人们为什么总是要争吵？他们能不能学会不争吵呢？

你自己：这也是最奇特和最有趣的探险。你长大后真正想做的是什么？不只是梦想，更是切实可行的事。你想和谁成为真正的朋友？为什么是他们？和他们做朋友能有什么收获？你想在什么方面取得进步？

有时候我们过于害羞，又过于执着于自己已知的事物。这是一种遗憾。因为这意味着我们会错失所有"海平线"以外未知的趣事。

做一个
探险家

图书在版编目（CIP）数据

感受自然：33个心灵启示 / 英国人生学校出版社编
著；宋洋格译 . -- 福州：海峡书局，2025.1（2025.4重印）
（人生学校）
书名原文：Nature and Me
ISBN 978-7-5567-1229-8

Ⅰ.①感… Ⅱ.①英… ②宋… Ⅲ.①自然科学—少
儿读物 Ⅳ.① N49

中国国家版本馆 CIP 数据核字 (2024) 第 110030 号

著作权合同登记号 图字：13-2024-024 号
NATURE AND ME: Copyright © 2021 by The School of Life

本书中文简体版权归属于银杏树下（上海）图书有限责任公司

感受自然：33 个心灵启示
GANSHOU ZIRAN: 33 GE XINLING QISHI

编 著 者：英国人生学校出版社
译　　者：宋洋格
出 版 人：林前汐
选题策划：北京浪花朵朵文化传播有限公司
出版统筹：吴兴元
编辑统筹：尚　飞
责任编辑：廖飞琴　俞晓佳
特约编辑：王晓晨
装帧制造：墨白空间·李　易
营销推广：ONEBOOK
出版发行：海峡书局
社　　址：福州市白马中路15号海峡出版发行集团2楼
邮　　编：350004
印　　刷：河北中科印刷科技发展有限公司
开　　本：889mm × 1040mm　1/16
印　　张：4.75
字　　数：30千字
版　　次：2025年1月第1版
印　　次：2025年4月第2次印刷
书　　号：ISBN 978-7-5567-1229-8
定　　价：42.00元

读者服务：reader@hinabook.com 188-1142-1266　　投稿服务：onebook@hinabook.com 133-6631-2326
直销服务：buy@hinabook.com 133-6657-3072　　官方微博：@浪花朵朵童书